ISSN 0371-327X

SITZUNGSBERICHTE DER SÄCHSISCHEN AKADEMIE
DER WISSENSCHAFTEN ZU LEIPZIG

Mathematisch-naturwissenschaftliche Klasse
Band 118 · Heft 3

HERMANN BERG

ZELLFUSION, TRANSFORMATION UND PHARMAINKORPORATION DURCH ELEKTROSTIMULATION

AKADEMIE-VERLAG · BERLIN

1985

SITZUNGSBERICHTE DER SÄCHSISCHEN AKADEMIE DER WISSENSCHAFTEN ZU LEIPZIG

MATHEMATISCH-NATURWISSENSCHAFTLICHE KLASSE

Band 111

Heft 1 Prof. Dr. WILHELM MAIER, Vom Erbe Bernhard Riemanns 1975. 16 Seiten – 8° – M 2,50

Heft 2 Prof. Dr. med. HANS DRISCHEL, Organismus und geophysikalische Umwelt
1975. 50 Seiten – 25 Abbildungen – 1 Tabelle – 8° – M 7,–

Heft 3 Prof. Dr. MARIA HASSE, Zum Begriff des allgemeinen Produkts von Kategorien
1975. 32 Seiten – 8° – M 5,–

Heft 4 Prof. Dr.-Ing. Dr. h. c. KURT SCHWABE, Analytische Probleme des Umweltschutzes
1975. 28 Seiten – 9 Abbildungen – 2 Tabellen – 8° – M 3,50

Heft 5 Prof. Dr. WOLFGANG BUCHHEIM, Die kopernikanische Wende und die Gravitation
1975. 36 Seiten – 2 Farbtafeln – 8° – M 5,–

Heft 6 Prof. Dr. HERMANN BERG, Photopolarigraphie und Photodynamic
1975. 19 Seiten – 2 Abbildungen – 2 Tabellen – 8° – M 3,–

Heft 7 Prof. Dr. MANFRED GERSCH, Probleme der Insektizide aus heutiger Sicht
1976. 36 Seiten – 9 Abbildungen – 2 Tabellen – 8° – M 4,–

Band 112

Heft 1 Prof. Dr. WALTER BREDNOW, Spiegel, Doppelspiegel und Spiegelungen – eine „wunderliche Symbolik" Goethes 1975. 28 Seiten – 4 Abbildungen – 8° – M 3,–

Heft 2 Prof. Dr. ARTUR LÖSCHE, Über negative absolute Temperaturen. Eine Einführung
1976. 26 Seiten – 12 Abbildungen – 8° – M 4,–

Heft 3 Prof. Dr. med. HERBERT JORDAN, Kurorttherapie: Prinzip und Probleme
1976. 31 Seiten – 10 Abbildungen – 1 Tabelle – 8° – M 4,50

Heft 4 Prof. Dr. FRIEDRICH WOLF / Dr. PETER FRÖHLICH, Zur Druckabhängigkeit von Ionenaustauschreaktionen 1977. 13 Seiten – 6 Abbildungen – 1 Tabelle – 8° – M 2,–

Heft 5 Prof. Dr. DIETRICH UHLMANN, Möglichkeiten und Grenzen einer Regenerierung geschädigter Ökosysteme 1977. 50 Seiten – 20 Abbildungen – 2 Tabellen – 8° – M 6,50

Heft 6 Prof. Dr. ERICH RAMMLER, Zwei Jahrzehnte Entwicklung des Einsatzes der Energieträger Kohle und Erdöl im Weltmaßstab 1977. 29 Seiten – 6 Abbildungen – 4 Tabellen – 8° – M 4,–

Heft 7 Prof. Dr. ULRICH FREIMUTH, Umweltprobleme in der Ernährung
1977. 32 Seiten – 3 Abbildungen – 4 Tabellen – 8° – M 4,–

Band 113

Heft 1 Prof. Dr. ERICH LANGE, Allgemeingültige Veranschaulichung des II. Hauptsatzes
1978. 22 Seiten – 10 grafische Darstellungen – 8° – M 4,–

Heft 2 Prof. Dr. HERBERT BECKERT, Bemerkungen zur Theorie der Stabilität
1977. 19 Seiten – 8° – M 2,50

Heft 3 Prof. Dr. sc. KLAUS DÖRTER, Probleme und Erfahrungen bei der Entwicklung einer intensiven landwirtschaftlichen Produktion im Landschaftsschutzgebiet des Harzes
1978. 20 Seiten – 6 Abbildungen, davon 4 farbige auf 2 Tafeln – 2 Tabellen – 8° – M 7,–

Heft 4 Prof. Dr. sc. med. HANS DRISCHEL, Elektromagnetische Felder und Lebewesen
1978. 31 Seiten – 14 Abbildungen – 2 Tabellen – 8° – M 5,–

Heft 5 Prof. Dr. MANFRED GERSCH, Wachstum und Wachstumsregulatoren der Krebse. Biologische Erkenntnisse und generelle Erwägungen
1979. 32 Seiten – 13 Abbildungen – 1 Tabelle – 8° – M 6,–

ISSN 0371-327 X

SITZUNGSBERICHTE DER SÄCHSISCHEN AKADEMIE
DER WISSENSCHAFTEN ZU LEIPZIG

Mathematisch-naturwissenschaftliche Klasse
Band 118 · Heft 3

HERMANN BERG

ZELLFUSION, TRANSFORMATION UND PHARMAINKORPORATION DURCH ELEKTROSTIMULATION

Mit 15 Abbildungen

AKADEMIE-VERLAG . BERLIN

1985

Vorgetragen in der Sitzung am 10. Februar 1984
Manuskript eingereicht am 10. Februar 1985
Druckfertig erklärt am 20. Oktober 1985

Herrn Professor Dr. Mitsugi Senda, dem Entdecker der Elektrofusion, gewidmet.

Erschienen im Akademie-Verlag Berlin, DDR-1086 Berlin, Leipziger Straße 3—4

Printed in the German Democratic Republic
Lizenznummer: 202 · 100/506/85
Gesamtherstellung: VEB Druckhaus „Maxim Gorki“, 7400 Altenburg
LSV 1315
Bestellnummer: 763 425 4 (2027/118/3)

00400

INHALT

1. Einführung: Elektrische Feldeffekte auf Membranen

Elektrische Feldeffekte auf das Verhalten von Zellen, Geweben und höhere Organismen sind seit den Zeiten von L. Galvani, A. Volta und J. Ritter in vielfältigster Weise beobachtet worden und führten im 19. Jahrhundert z. B. zur Herausbildung der Elektrophysiologie [1]. Elektrostimulierte Öffnungen der Zellwand und der Zellmembranen haben in jüngster Zeit für die Gentechnologie Bedeutung erlangt, weshalb sie im Vordergrund der Betrachtungen stehen werden. Ohne auf den komplizierten Bau von unterschiedlichen Zellwänden und auf die Membranstruktur einzugehen, sollen lediglich die passiven elektrischen Eigenschaften der Membranen erörtert werden, um deren Degradation und Fusion verständlich zu machen. Hauptanliegen dieses Überblickes ist es, die heutigen methodischen Möglichkeiten dazu vorzustellen und Anregungen für Anwendungen zu geben, die in der gesamten Biologie nützlich werden können und Neuland erschließen helfen. Für die passiven elektrischen Eigenschaften der Zellmembran mit ihrer inneren Schicht hydrophober Kohlenwasserstoffe ist das Modell eines (inhomogenen) Plattenkondensators der spezifischen Kapazität von 1 $\mu F\,cm^{-2}$ geeignet, wobei das Transmembranpotential etwa 0,1 V beträgt. Ein äußeres elektrisches Feld wirkt polarisierend auf Bestandteile der Membran und ihre beiderseitige elektrolytische Doppelschicht durch Orientierung permanenter Dipole oder nach Dipolinduktion bei Membranproteinen [2]. Diese Veränderungen sind reversibel. Wird aber das Transmembranpotential pulsartig auf ein mehrfaches erhöht, so wird der „Membrankondensator“ durchbrochen und die Membranstruktur lokal gestört [3]. Dieser somit steuerbare Membrandurchbruch und seine Reparatur eröffnet ein weites Feld für gezielte Eingriffe in die Membran- und Zellbiophysik. In der Diskussion wird ausführlicher darauf eingegangen werden.

2. Apparative Voraussetzungen

Die Pulse werden bei Makrokammern durch Kondensator- oder Kabelentladungen, für Mikrokammern durch Rechteckpulsgeneratoren erzeugt. Im ersten Fall sind Temperatursprunggeräte nach M. Eigen verwendbar.

Ihre Eigenschaften sind allgemein bekannt (Abb. 1). Die elektrische Energie eines Hochspannungsgenerators wird in einem Hochspannungskondensator (maximal U_0 30 kV) gespeichert und nach manueller Triggerung mittels einer Funkenstrecke über großflächige Scheibenelektroden (⌀ 1—3 cm) der Makrokammer (s. 2.1.) entladen. Die angelegte Spannung U_0 und damit die Feldstärke $F_0 = U_0/d$, mit d = Elektrodenabstand) fallen exponentiell ab

$$E_t = E_0 \exp(-t/\tau) \tag{1}$$

mit

$$\tau = RC$$

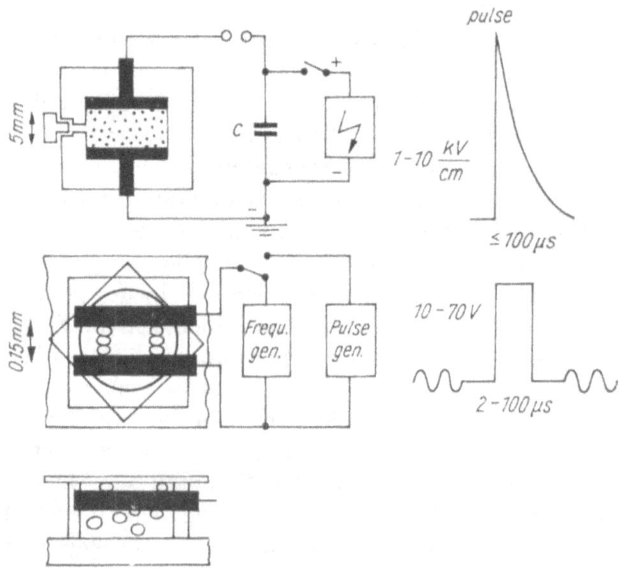

Abb. 1. Schema der Makrokammer mit Anschluß an Hochspannungskondensator (oben); Mikrokammer (in Draufsicht) mit Frequenz- und Pulsgenerator (Mitte) und deren Seitenansicht (unten); Beschreibungen im Text

Üblich angewendete Daten sind $E_0 = 1-10$ kV/cm, $R \approx 100\,\Omega$, C 0,01—2 µF, so daß für τ Werte zwischen 5 und 100 µs resultieren. Dabei entsteht ein Temperaturanstieg ΔT nach

$$T = 0{,}5\, C\, U_0^2/(\varrho c_p V) \tag{2}$$

mit der Dichte $\varrho = 1$ g/cm³, der spezifischen Wärme c_p und dem Volumen V. Aus Gl. (2) und Messungen [7] kann der Temperaturanstieg zwischen 0,5—5 °C erreichen, weshalb bei $\Delta T > 2\,°C$ eine Temperierung der Makrokammer notwendig wird. Kabelentladungen erzeugen Rechteckpulse [8], während Pulsgeneratoren bei Mikrokammern diese und andere Pulsformen ermöglichen. Ausgehend von den Göttinger Temperatursprungzellen sind eine Reihe spezieller Entladungskammern entwickelt worden. Auf die Jenaer Konstruktionen soll hier hauptsächlich eingegangen werden.

2.1. Makrokammern mit Scheibenelektroden

Nach Abbildung 2a) sind in einen durchsichtigen Plastzylinder (z. B. Plexiglas) ca. 5 mm starke Scheiben aus rostfreiem Stahl oder entsprechenden Materialien auf 0,5—1 cm Distanz eingepaßt. Schraubverschlüsse dienen der Montierbarkeit. Die seitliche Bohrung ermöglicht rasche gasblasenfreie Füllung und Entleerung mittels Injektionsspritzen. Der Anschluß an das Pulsgerät erfolgt über Kontaktfederhülsen.

Abb. 2b) zeigt die Variante mit einstellbarem Elektrodenabstand von 0,5 bis 20 mm, was einem Füllvolumen V von 0,1—4 ml bei einem mittleren Elektrodendurchmesser von 1,5 cm entspricht.

Eine zweite Neuerung erfolgte mit der Elektrodenoberfläche selbst. Neben der bekannten glatten Oberfläche verwenden wir eine gerillte, die aus lauter

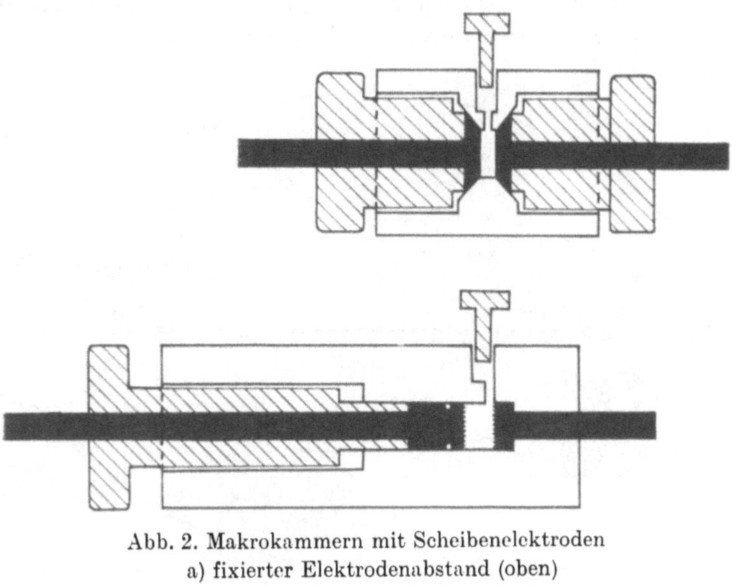

Abb. 2. Makrokammern mit Scheibenelektroden
a) fixierter Elektrodenabstand (oben)
b) variabler Elektrodenabstand (unten).

0–0,5 mm hohen Pyramiden besteht. Hierdurch wird nicht nur die Oberfläche zur Adsorption von Zellen vergrößert, sondern die Inhomogenitäten im Feldlinienverlauf nach vorherigem Anlegen eines Wechselfeldes ermöglichen die Bildung von Zellketten infolge Dielektrophorese (DEP) [4] in einem relativ großen Volumen. Damit lassen sich die Vorteile der Mikrokammer, nämlich ohne Zusatz von Aggregationsmitteln wie Polyäthylenglykol (PEG) auszukommen, auf die Makrokammer übertragen.

2.2. *Mikrokammern mit Drahtelektroden*

Die ersten flachen Mikrokammern wurden von U. ZIMMERMANN et al. [5] für die Kombination von Dielektrophorese [2, 3, 4] (Abb. 3) zwecks Aggregation der Zellen mit anschließenden Einzelpulsen zu ihrer Fusion konstruiert. Hierbei werden zwei parallele Platindrahtelektroden (Durchmesser 0,2 mm) im Abstand von 0,1–0,4 mm oder auch gesputterte Goldschichten auf Objektträger gebracht und an die Spannungszuführungen angelötet [10]. Den Objektgrößen anzupassen sind gegeneinander verstellbare Lamellen aus Platin oder Tantal [6]. Bewährt haben sich auch eine aufgesetzte Plexiglaskammer (Abb. 1), die mit einem Deckglas verschlossen wird. Der Austausch der Dielektrophoreseflüssigkeit läßt sich gegen eine Nährlösung durch Absaugen und Einspritzen unter die Drähte bewerkstelligen. Drahtelektrodenkammern mit strömender Zellsuspension sollen die Fusionierungsausbeute erhöhen oder in Richtung auf diploide Verschmelzung (Heterokaryons) lenken helfen [7].

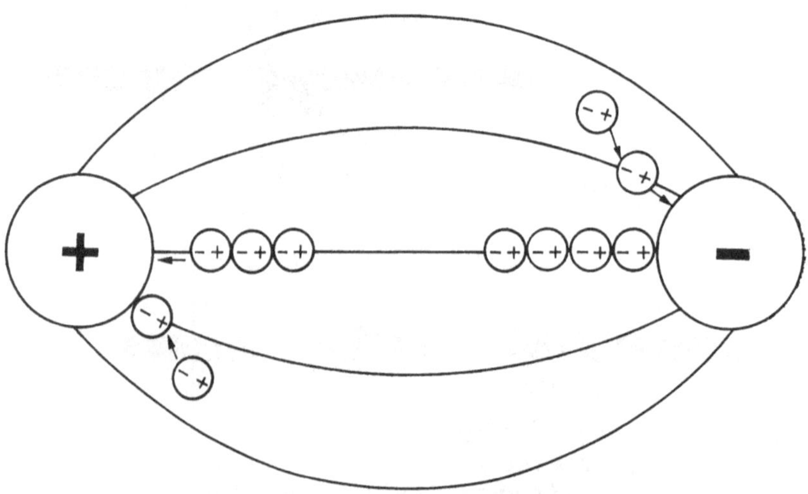

Abb. 3. Prinzip der Dielektrophorese von induzierten Dipolen

2.3. Mikromanipulationskammern mit Nadelelektroden

Unterschiedlich geformte Nadelelektroden mit spitzem oder stumpfem Ende (∅ 1—100 µm) werden im Mikromanipulator an große Zellen (z. B. Oozyten) auf dem vertieften Objektträger herangebracht. Auf diese Weise können die zu fusionierenden Zellen durch mechanischen Druck der Nadel-

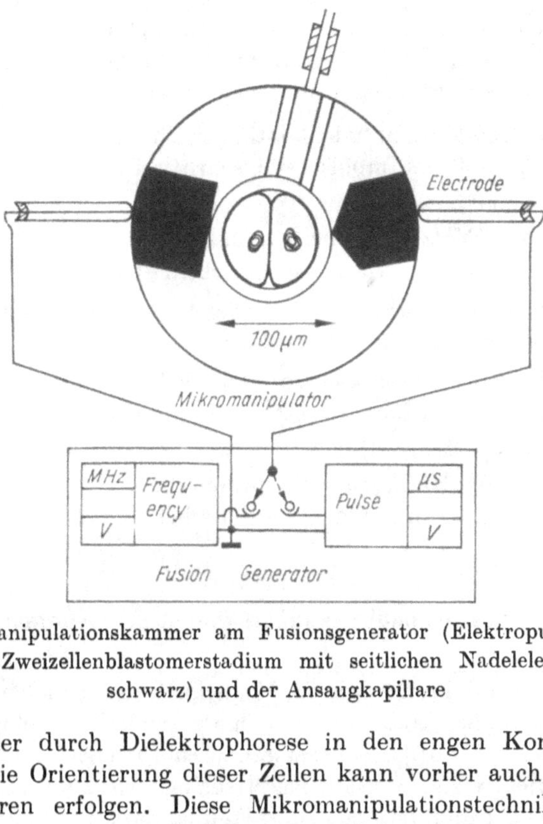

Abb. 4. Mikromanipulationskammer am Fusionsgenerator (Elektropulsgenerator). In Vergrößerung: Zweizellenblastomerstadium mit seitlichen Nadelelektroden (Enden schwarz) und der Ansaugkapillare

elektroden oder durch Dielektrophorese in den engen Kontakt gebracht werden [8]. Die Orientierung dieser Zellen kann vorher auch mit Hilfe von Ansaugkapillaren erfolgen. Diese Mikromanipulationstechnik ist variabel und kann dazu genutzt werden die spitze Elektrode im Inneren der Zelle wirksam werden zu lassen, um im 2. Schritt die Zellkerne zu verschmelzen (Abb. 4).

2.4. Impulsgeneratoren und Dielektrophoreseeinrichtung

Bei Verwendung von Makrokammern mit Scheibenelektroden bei Abständen > 5 mm und Durchmessern > 10 mm ist die Technik der Kondensatorentladung üblich [13]. Mit den Kondensatoren unserer Temperatursprunganlage

a) 20 kV, 2 μF
b) 15 kV, 0,025 μF

werden Halbwertsbreiten von 5—200 μs erreicht.

Für die Mikrokammern eignet sich ein Rechteckpulsgenerator im Bereich von 1—1000 μs und 60 Volt. Dieser wird verstärkt und verzögert gekoppelt mit einem Hochfrequenzgenerator zur Dielektrophorese bei 500—2000 kHz und 5—30 Volt. In den ZIMET-Werkstätten wurde ein Kombinationsgerät „Elektroimpulsgenerator" gebaut mit den Daten:

Elektropuls: 0—100 V Amplitude, kontinuierlich
1,3—5000 μs Impulsbreite, schrittweise,

Dielektrophoresefeld:
0,5—3 MHz Frequenz, kontinuierlich,
0—80 V Amplitude kontinuierlich.

Die Firmen Krüss (Hamburg), GCA Precision Scient. Group (Chicago, IL.) produzieren entsprechende Geräte mit den Daten:

Elektropuls: 0—250 V Amplitude, kontinuierlich
0,5—300 μs Impulsbreite, kontinuierlich

Dielektrophoresefeld:
0,2—5 MHz Frequenz, kontinuierlich
0—100 V Amplitude, kontinuierlich.

3. Die elektrostimulierte Inkorporation (Transformation)

Seit den siebziger Jahren wurde die Möglichkeit der schnellen Anreicherung von Farbstoffen, Pharmaka und liposomenartigen Partikeln in Blutzellen vor allem aufgezeigt [9, 10]. Der Membrandurchbruch oder auch die Zellwandläsion beschleunigen den Stoffaustausch solange bis durch „resealing" und Reparatur diese Schäden behoben sind. Es muß darauf geachtet werden, daß die Feldwirkung nicht zu stark wird und zum Zerplatzen der Membranen mit Zelltod führen [11, 12, 13]. Drei Hauptziele der elektrostimulierten Inkorporation zeichnen sich ab:

— die Kinetik des resealing (Membranverschluß) und der Reparatur,
— die Inkorporation von Pharmaka,
— die Transformation von genetischem Material.

Das Wesen dieser Vorgänge wird nun an einigen Beispielen erläutert.

3.1. *Die Kinetik des resealing und der Reparatur*

Für das resealing von Membranen werden kurzzeitige Strukturstörungen [14, 15, 16], die bei kleinen Pulsen reversibel in Nanosekunden behoben werden, von den irreversiblen Durchbrüchen unterschieden [17, 18]. Die Wiederherstellung des vorherigen Zustandes (resealing) verlangsamt sich im irreversiblen Fall mit sinkender Temperatur und dauert bei 4 °C länger als 10 min gegenüber dem Sekundenbereich bei Zimmertemperatur [18]. Dieser Unterschied wird

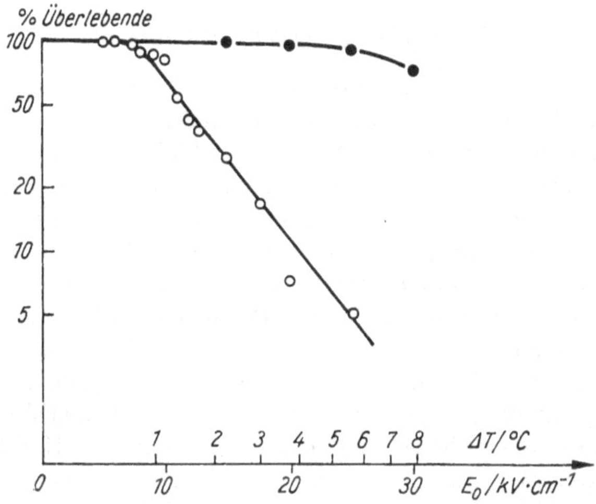

Abb. 5. Abtötungskurven von Hefezellen (*Saccharomyces cerevisiae*, Stamm ZIMET H192) in der logarithmischen Phase (o), in der stationären Phase (•) durch elektrische Feldpulse. Diese werden von Temperaturerhöhung begleitet [21]

bei der Inkorporation von Pharmaka, z. B. in Erythrozyten, Makrophagen usw. ausgenutzt, indem bei 4 °C mit dem Puls geöffnet wird und bei erhöhter Temperatur der Verschluß erfolgt.

Bei proteinfreien Lipiddoppelschichten spielt sich der resealing Prozeß in Nanosekunden ab, was durch das Lösungsmedium (zweiwertige Anionen, EDTA Konzentration u. dgl.) beeinflußt wird. Die Reparatur einer pulslädierten Zellwand dauert mehrere Minuten, wie am Beispiel von Hefe (*Saccharomyces cerevisiae*) gezeigt werden soll [21]. Die Empfindlichkeit der Zellen hängt nicht nur von Feldstärke und Dauer des Pulses ab, sondern in starkem Maße vom physiologischen Zustand (Abb. 5), wenn ein Schwellwert E_0 überschritten ist. Als Indikator für Läsionen der Zellwand dient das Perhydrohexafungin (PHF, Konzentration 20 µg/ml), welches bei intakten Zellen nicht penetrieren kann. Bei Feldstärken zwischen 8 bis 10 kV/cm in der

Makrokammer setzt der Zellwanddurchbruch bei 50% aller Zellen ein und das PHF tötet diese ab, während sonst etwa 30% hätten repariert werden können. Zur Ermittlung der Reparaturkinetik wurde nach [21] so vorgegangen, daß PHF vor dem Puls von 11 kV/cm zugegen war, sofort bei Läsion in die Zellen eindrang und die Reparatur verhinderte. Nach dem Puls in Intervallen zugesetzt, konnte PHF nur die jeweils nicht reparierten abtöten. Aus dem Zeitverlauf wird ersichtlich, daß nach 2 Minuten das PHF unwirksam blieb, d. h. die Reparatur war soweit abgeschlossen.

3.2. Die Inkorporation von Pharmaka

Vorangehend wurde die Inkorporation von Perhydrohexafungin beschrieben mit tödlichem Ausgang für die Zelle. Andererseits gibt es schon Beispiele für die Erniedrigung der Toxizität bestimmter Pharmaka, wenn sie in Liposomen, Erythrozyten u. a. Blutzellen eingeschlossen werden und an manchen Wirkorten angereichert werden. So gelang die Anreicherung von Methotrexat, einem Cytostatikum, vorzugsweise in der Leber, nachdem damit durch einen 12 kV/cm Puls bei 4 °C Erythrozyten beladen und Mäusen injiziert wurden [18]. Werden überdies magnetisierbare Partikel eingeschlossen, besteht die Aussicht auf Lenkung der Zellen im Organismus durch ein äußeres fokussierbares Magnetfeld. Der Einschluß farbiger Pharmaka läßt sich bei Makrophagen durch Mikrospektroskopie quantitativ bestimmen, was im Falle der Erythrozyten nur dann ohne Schwierigkeiten gelingt, wenn das Hämoglobin durch Membranöffnung abgetrennt wurde und in die „ghosts" (leere Membranhülle) Pharmaka eingeschleust werden. Wenn zusätzlich Komplexe z. B. mit Nukleinsäuren entstehen, wird das Absorbtionsspektrum, z. B. von Anthrazyklin, verschoben, während dessen Fluoreszenz gelöscht wird. Die elektrostimulierte Penetration bietet neben der Verkapselungsmöglichkeit für toxische Pharmaka die Beeinflussung des Transports zum Wirkort und damit die Beseitigung von strukturabhängigen Membranbarrieren [6]. Ein Modell zum Mechanismus wird in Abschnitt 5 diskutiert.

3.3. Die Transformation von Zellen durch genetisches Material

Um den Genbestand einer Zelle zu erweitern dient u. a. die Transformation, d. h. die Inkorporation von Genonbereichen, die aus DNA durch Endonukleasen ausgeschnitten worden sind, oder von ringförmiger Plasmid-DNA mit Hilfe von PEG, Lipiden oder auch Liposomen als Träger. Unsere früheren parallel zur Fusionierung laufenden Versuche zur Inkorporation hochmolekularer linearer DNA brachten zunächst keine nennenswerte Verbesserung gegenüber den klassischen Methoden der Transformation. Der erste Erfolg bei Säugerzellen mit niedermolekularer Plasmid-DNA gelang E. NEU-

MANN et al. 1982 [22]. Defekte Mäusezellkulturen (LTK^-) bezüglich des Thyminkinase (TK) Gens wurden in Gegenwart von Plasmid-DNA als Träger des Herpes simplex TK Gens durch elektrische Impulse von 8 kV/cm und 5 μs zur Inkorporation stimuliert. Wichtig ist für die Zellen, daß gerade 3 Pulse dieser Art bei Zimmertemperatur angewendet werden, um ein Maximum mit ca. 95 Kolonien je 10^6 eingesetzter Zellen mit 1,2 μg DNA auf dem Selektionsmedium (HAT = Hypyxantin-Aminopterin-Thymidin) zu gewinnen. Um jedoch ein Optimum an stabilen Transformanten zu erhalten, werden ca. 20 mM Mg zugesetzt, wonach mit linearer Plasmid-DNA (enzymatische Hind III-Spaltung) etwa die 3-fache Ausbeute gegenüber zirkulärer erhalten wird bei Ansätzen von $5 \cdot 10^7$ Zellen mit 50 μg/ml DNA.

Bei Bakterienzellen gelang kürzlich in unserem Laboratorium die elektrostimulierte Transformationssteigerung mit Plasmid-DNA von einem zweiten Stamm [23].

Zielsetzung war die insektenpathogene Eigenschaft von *Bacillus thuringiensis*, welches ein toxisches Protein bildet, auf den verwandten *Bacillus cereus* zu übertragen, der keine Plasmid-DNA enthält und gegen Kanamycin empfindlich ist. Hierfür wurden Protoplasten von *Bacillus cereus* ($4 \cdot 10^8$/ml) in Gegenwart von Plasmid-DNA (50 μg/ml) mit Kanamycinresistenz drei Impulsen 10–14 kV/cm, 5 μs ausgesetzt und nach 10 min auf Agarnährboden, der 100 μg/ml Kanamycin enthielt, übertragen. Die Anzahl der Kolonien nach Regeneration der Protoplasten ist ein Maß für die Resistenzübertragung. Dabei zeigt sich, daß die Regeneration bei höheren Feldstärken stimuliert wird. Bei einer Feldstärke von 14 kV/cm in der Makrokammer erhöhte sich die Transformationsfrequenz um eine Zehnerpotenz im Vergleich zur Kontrolle mit 30% PEG, wobei die Transformanten über 10 Passagen stabil blieben. Die typischen Kristalle toxischen Proteins wurden in *Bacillus cereus* noch nicht wahrgenommen. Hierüber müssen weitere Experimente Aufschluß geben.

Ähnliche Versuche sind bei der elektrostimulierten Transformation des Plasmids (pIJ 385) mit 2 Resistenzmarkern (Diostepton, Neomycin) in Protoplasten von *Streptomyces libidans* 66 aussichtsreich. Die Kontrolle in Gegenwart von 20% PEG erbringt nur 3–5% Transformanden, bezogen auf die Gesamtmenge regenerierender Protoplasten.

4. Die elektrostimulierte Fusion von Zellen und Protoplasten

Grundsätzlich müssen zu allererst die Zellmembranen vor dem Feldimpuls in engen Kontakt auf möglichst großer Fläche gebracht werden. Dafür werden 3 Möglichkeiten genutzt:

A) Zusätze von membranaktiven Substanzen wie PEG, Lektine, Dextran etc.

B) mechanischer Druck bei Bewegung der Zellsuspension oder mittels Glaskapillaren und Nadelelektroden,
C) Dipol-Dipol-Interaktion mittels Dielektrophorese, ohne daß Rotationen bei bestimmten Dielektrophoresefrequenzen in der Mikrokammer entstehen.

An zweiter Stelle gilt es, das elektrische „Feldfenster" (Impulshöhe und -dauer) für die betreffende Zellart zu ermitteln, sowie die Abtötungsrate festzustellen.
Drittens sind die gebildeten Heterokaryonten nachzuweisen durch prototrophe Koloniebildung, veränderte Größenverteilung (Bildanalyse), genetische Stabilität bei Mikroorganismen oder durch Kultivierung bis zu neuen Pflanzen und Tieren.

Auf dem 5. Internationalen Symposium „Bioelektrochemie und Bioenergetik" 1979 in Weimar, wurden erstmals elektrostimulierte Fusionen mit den Kontaktformen A) und B) vorgestellt [24, 25, 36], und zwar A) mit diauxotrophen Hefe-

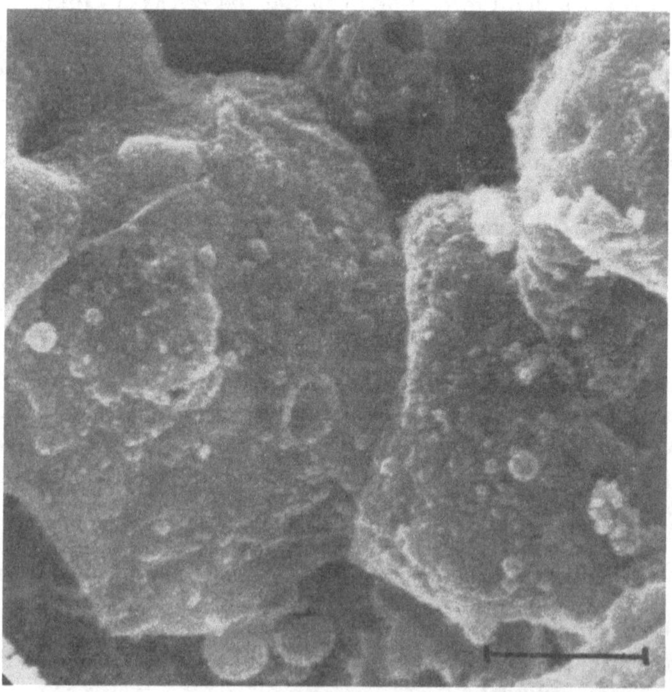

Abb. 6. Agglutinierte Hefeprotoplasten im Rasterelektronenmikroskop nach [21]

protoplasten in der Makrokammer und B) mit 2 pflanzlichen Protoplasten durch manipulierbare Glaskapillaren. Die Kontaktvariante B mittels rollender Bewegung wandloser Zellen führte bei *Dictyostelium discoideum* zu multinuklearen lebensfähigen Gebilden nach Pulsen von 4–6 kV/cm und 40 µs Dauer [26]. Der Zeitverlauf der Fusionierung nach Kontaktierung C) bei Mesophyllprotoplasten von *Vicia faba* wurde später als Mikrobildserie publiziert [5].

4.1. Die Fusion in der Makrokammer mit Agglutinierungsmitteln

Als das Agglutinierungs- und Fusionierungsmittel hat sich PEG (Molekulargewicht 4000–6000) als vielseitig anwendbar durchgesetzt, obwohl der Mechanismus ungeklärt ist und Widersprüche hinsichtlich der Effekte der Verunreinigungen (Antioxydantien) bestehen.

Für die elektrostimulierte Fusion ist jedoch nur die agglutinierende Eigenschaft des PEG notwendig, welche in Abbildung 6 elektronenmikroskopisch verdeutlicht wird. Die Zellen stehen in flächiger Berührung, wobei der membrannahe Raum und die Hydratation der Grenzfläche entscheidend verändert werden.

4.1.1. Die Fusion der Protoplasten von Hefemutanten

Folgende auxotrophe Mutanten wurden als Protoplasten durch PEG ($M_W = 6000$) agglutiniert und durch unterschiedliche Pulsenergien zur gesteigerten Häufigkeit der Fusionierung gebracht [21, 24]

- *Saccharomyces lipolytica* (met, ade) + *Saccharomyces lipolytica* (ile. lys)
- *Saccharomyces lipolytica* (arg, ade) + *Lodderomyces elongisporus* (ade, his)
- *Saccharomyces cerevisiae* (ade, his, lys, thr, arg) + *Saccharomyces cerevisae* (his, thr)
- *Saccharomyces cerevisiae* (ade, his, lys, thr, arg) + *Saccharomyces cerevisiae* (his, thr, leu).

Zur Selektion der prototrophen Fusionen wird die pulsbehandelte Zellsuspension nach 30 Minuten Inkubation auf Minimalnährboden angezüchtet und mit den Kontrollen auch hinsichtlich der Rückmutation verglichen. Während das erste Minimalmedium ohne besonderen Zusatz die prototrophe Koloniebildung ermöglicht, müssen dem zweiten ade, dem dritten his und thr und dem vierten his und thr zugefügt werden. Die Feldstärkeabhängigkeit der Koloniezahlen enthält Tabelle 1.

Nach Tabelle 1 zeigt jede Protoplastenkombination einen anderen Optimalwert der Feldstärke, der durch Reihenversuche unter den jeweiligen Bedingungen ermittelt werden muß.

Tabelle 1
Relative Koloniezahlen aus fusionierten Protoplasten von Hefemutanten

E/kV cm	*Saccharomyces cerevisiae* (ade, his, lys, thr, arg) + (his, thr, leu)	*Saccharomyces lipolytica* (met, ade) + (ile, lys)	*Saccharomyces lipolytica* *Saccharomyces* + *elongisporus* (arg, ade) + (ade, his)
0 contr.	1	1	1
1.25	122	1	—
2.5	233	8	—
3.75	50	36	—
5.0	30	10	—
10.0	—	—	78
15.0	—	—	20
20.0	—	—	8

4.1.2. Die Fusionierung von Mutanten des Bacillus thuringiensis

Eine Fusionierung der betreffenden Protoplasten ist nur erfolgreich mit Unterstützung durch UV-Strahlung [29]. Anstelle dessen wurden drei aufeinander folgende elektrische Feldpulse ($\Delta t = 3$ s) von 14 und 20 kV/cm und einer Zeitkonstante von 5 µs angewendet [30]. In der 40% PEG Lösung zwecks Agglutination befanden sich die beiden Mutanten von *Bacillus thuringiensis*:

A) kanamycinresistent (durch Plasmid pUB 110) und pigmentfrei
B) kanamycinsensitiv und pigmentbildend.

Nach Applikation der Pulse und 60 min Inkubation bei 30 °C wurde die Protoplastensuspension auf einen kanamycinhaltigen Selektivnährboden kultiviert. Während 14 kV/cm sich als zu gering erwiesen, erbrachten 20 kV/cm Rekombinanten hervor mit Kanamycinresistenz und Pigmentbildung, und zwar mit einer Fusionshäufigkeit von 10^{-3}, d. h. Verhältnis von Rekombinanten zu regenerierten Zellen. Diese stabilen Rekombinanten produzieren außerdem ein kristallines Protein, welches gegen Insekten (z. B. Moskitos) toxisch wirkt. Letztere Eigenschaft kann praktische Bedeutung für selektivere umweltfreundlichere Insektizide erlangen.

4.1.3. Die Fusion von Makrophagen ohne PEG-Zusatz

Wegen ihrer flexiblen Filipodien bilden sich häufiger Kontakte zwischen Makrophagen, weshalb ein PEG-Zusatz entfallen kann. Nach dem Puls

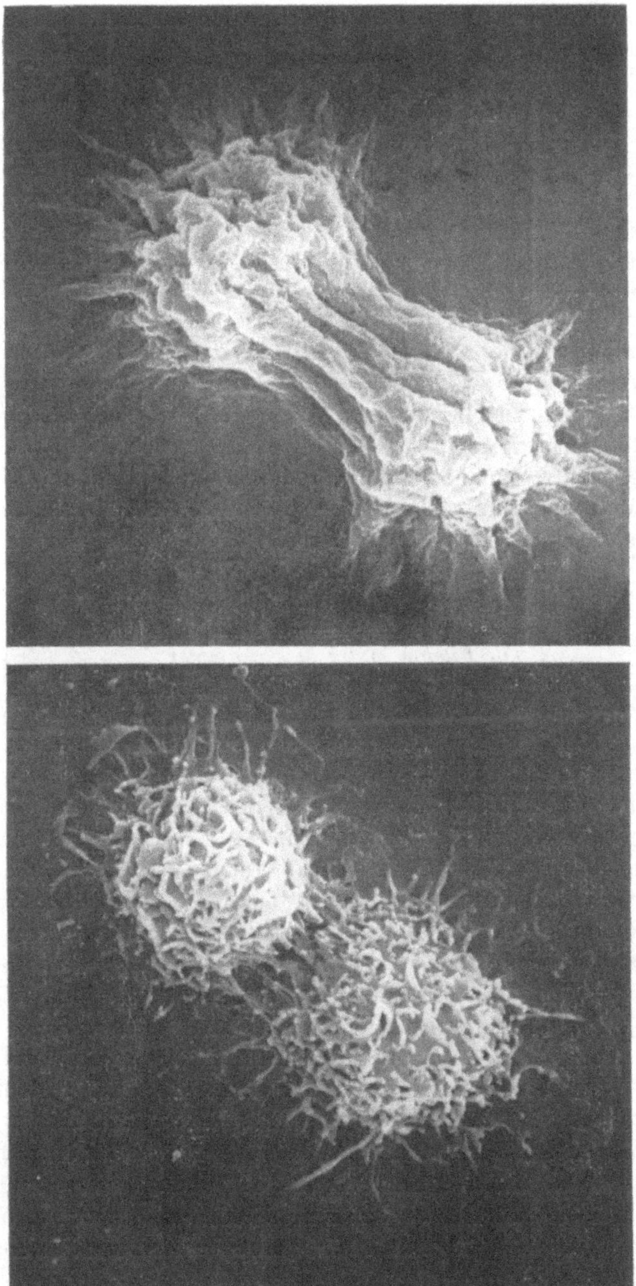

Abb. 7. Makrophagen (im Rasterelektronenmikroskop) links vor, rechts nach dem Puls (AUGSTEN [45]).

bilden sich mehrere dicke Stränge aus den Filipodien als erstes Stadium der Fusion, wie rasterelektronenmikroskopische Aufnahmen deutlich machen (Abb. 7).

4.1.4. Die Transformationsstimulation bei Bacillus cereus

B. cereus verfügt über kein Plasmid, was gegen Kanamycin resistent ist. Daher wurde das Plasmid pUB 110 aus *B. thuringiensis* (vgl. 4.1.2.) präpariert [23] und in einer Konzentration von 50 µg/ml unter Zusatz von 40% PEG mit den *Cereus*-Protoplasten ($4 \cdot 10^8$/ml) den Feldpulsen von 10 oder 14 kV/cm ausgesetzt. Es konnte bisher eine zehnfache Erhöhung der Transformationsrate erreicht werden, und zwar auf $1{,}1 \cdot 10^{-3}$ (d. h. Verhältnis der Anzahl kanamycinresistenter Kolonien auf dem Selektionsmedium zu der Gesamtzahl an eingesetzten Protoplasten). Jedoch wurde kein toxisches Protein nachgewiesen. Dieses elektrostimulierte Transformationsexperiment ist das erste seiner Art bei Mikroorganismen. Erste Versuche mit Kern-DNA bei *Bacillus subtilis* aus der logarithmischen Phase hatten damals (1979) nur geringen Erfolg.

4.2. Die Fusion in der Mikrokammer unter Nutzung der dielektrophoretischen Agglutination

Aus der direkten Beobachtung der Kollektion und Agglutination im Wechselfeld bei geringer Leitfähigkeit sowie aus dem Verhalten der Zellketten bei und nach dem Puls sind eine Anzahl von Phänomenen entdeckt worden [18]. Erwähnt seien neben der Deformation, der Rotation einzelner Zellen in Abhängigkeit von Membranzuständen und den äußeren Bedingungen vor allem schnelle gedämpfte Oszillationen, unmittelbar ausgelöst durch den Puls (Abb. 10). Das Agglutinationsstadium kann ein Dutzend kleiner Zellen (z. B. Ascites) linear zwischen den Draht- oder Plattenelektroden umfassen (Abb. 8), dazu kommen noch seitlich angelagerte, die bei stärkeren Pulsen mit verschmelzen können. Für ungestörte Beobachtung beschränkt man sich auf 4 größere Zellen (z. B. Gerste, Abb. 9) oder nur 2 (Abb. 10). Nach dem Puls verbreitert sich die Kontaktfläche, Membranteile wandern in das Zellinnere und dieser Membranverlust beträgt zwischen 2 Protoplasten ca. 25%. Bisweilen werden auch Chloroplasten beim Puls ausgestoßen. Schließlich können die Fusionsprodukte durch Ansaugkapillaren abgenommen oder aus dem Elektrodenraum gespült werden zwecks weiterer Kultivierung. Besonderer Kautelen bedarf es bei der Gewinnung von Hybridoma [31] aus je einer Milzzelle und einer Krebszelle, insbesondere für hohe Ausbeuten [18].

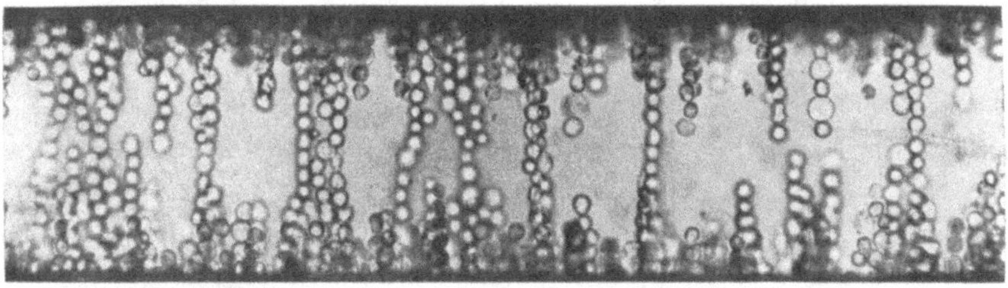

Abb. 8. Ascites-Zellen (L1210) nach dielektrischer Kollektion in der Mikrokammer bei 500 kHz, 10 V in 0,3 M Glukose, $5 \cdot 10^{-4}$ M $CaCl_2$ (5% PEG)

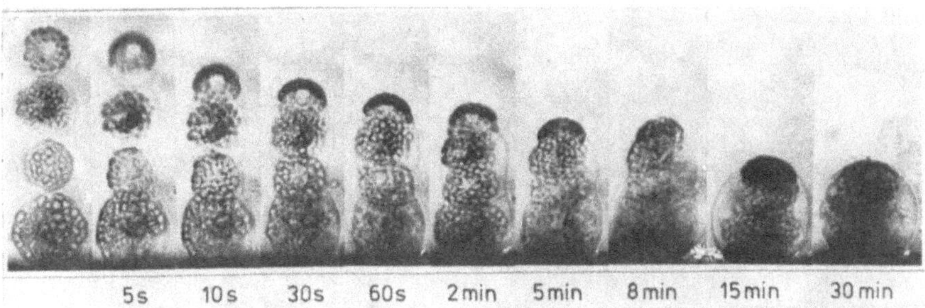

Abb. 9. Elektrofusion von 4 Gersteprotoplasten in der Mikrozelle nach dielektrischer Kollektion durch einen Puls (1,8 kV/cm; 5,2 μs). Vor und in Zeitabständen nach dem Puls. Abrundung nach 30 min mit beginnender Verteilung der Chloroplasten

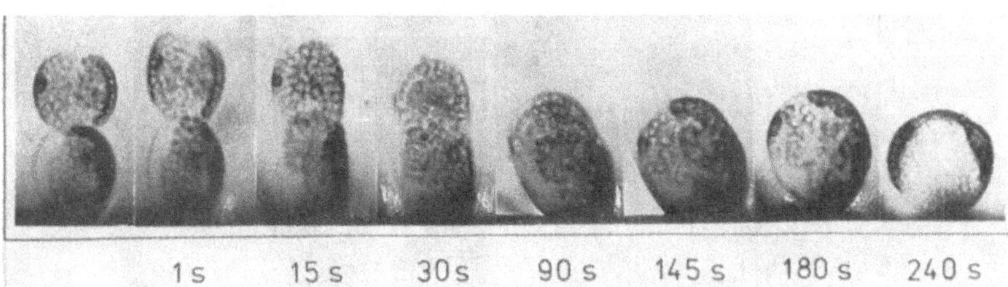

Abb. 10. Elektrofusion von 2 Gersteprotoplasten in der Mikrozelle nach dielektrischer Agglutination durch einen Puls (0,45 kV/cm; 17,5 μs). Vor und in Zeitabständen nach dem Puls. Bei 1s ist noch die abklingende Oszillation sichtbar. In diesem Fall ist die Anrundung bereits nach 4 Minuten erfolgt

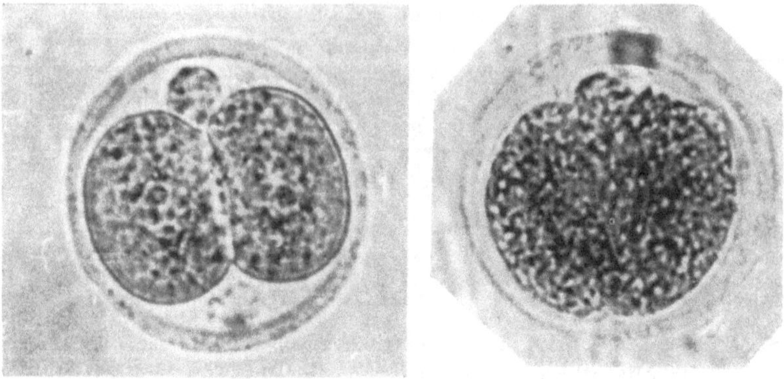

Abb. 11. Elektrofusion eines Zweizellenblastomerstadiums in der zona pellucida mit Nadelelektroden an der Zelle, links: vorher, rechts: 45 min nach dem Puls (6 kV/cm; 100 μs)

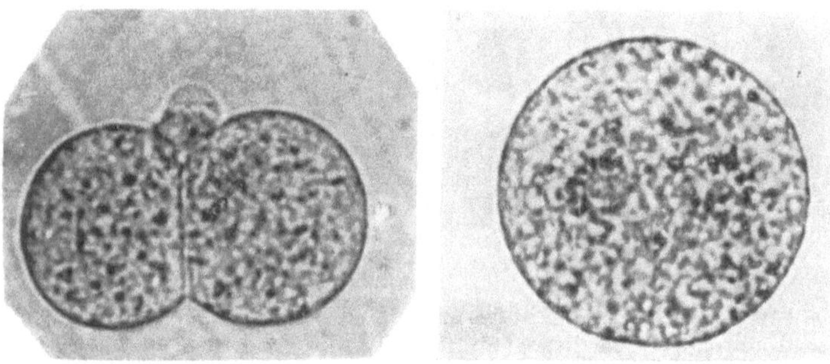

Abb. 12. Elektrofusion eines Zweizellenblastomerenstadiums ohne zona pellucida infolge Pronasebehandlung, links: vorher rechts: 50 min nach dem Puls (5 kV/cm; 100 μs

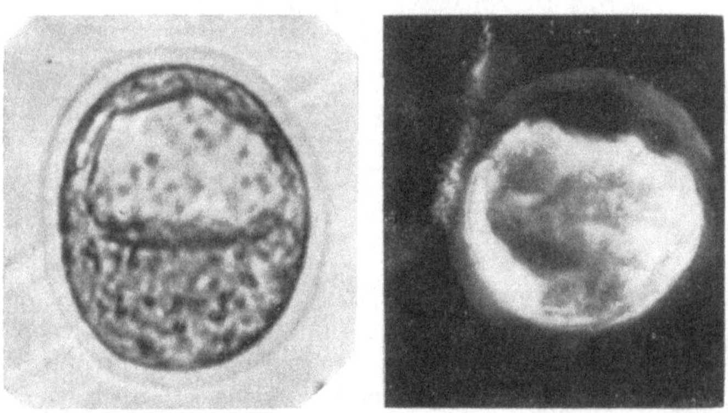

Abb. 13. Elektrofusion eines Blastozystenstadiums in der zona pellucida, links: vorher (Hellfeld) rechts: nach Doppelpuls (Dunkelfeld, links Elektrodenkante sichtbar

4.3. *Die Fusion zwischen Nadelelektroden im Mikromanipulator*

Obwohl mit dieser Anordnung — ebenso wie bei 4.2. die Dielektrophorese bei veränderlichen Spitzenabständen genutzt werden kann — sind doch die großen Zellen oder Zellkomplexe vorzugsweise damit zu manipulieren. Daher sind Oozyten, Zygoten, Blastomere, Blastozysten, Spermatozoen, Nitella etc. geeignete Objekte. Die folgenden Abbildungen 11—13 zeigen Beispiele für Fusionen bei Blastomeren mit oder ohne zona pellucida [32, 33], wobei von Einfluß die Entfernung und Form der Elektroden an der Zelloberfläche ist. Daraus folgt:

- Ohne zona pellucida verläuft die Fusion der Membranen zwischen den Blastomeren bei den niedrigsten Pulsamplituden bzw. kürzeren Pulszeiten.
- die äußeren Membranen zwischen zwei Zygoten fusionieren erst bei höherem Energieaufwand.

In jedem Fall entstehen neue Formen der Polyploidie durch Dedifferenzierung, deren Lebensfähigkeit nur bei Pulsen $\leq 1\,\mathrm{kV}$ und $\leq 300\,\mu\mathrm{s}$ gewährleistet wird.

5. Diskussion

5.1. *Experimentelle Vergleiche*

Die dargestellten drei hauptsächlichen Techniken für erhöhte Membranpermeation und Zellfusion wurden verschiedenartig modifiziert, sowohl in der Anordnung der Elektroden als auch hinsichtlich des Überganges vom ruhenden zum fließenden Medium [18]. Angestrebt wird ein kontinuierliches Fusionierungsverfahren mit hohem Durchsatz. Schon heute gibt es eine Vielfalt von elektrostimulierten Fusionierungen und Inkorporationen [27], wovon einige weitere genannt seien.
Anwendung von der

- Technik in der Makrokammer auf
  Dictyostelium discoideum [26]
  Einzellschichten [34]
  Plasmid-DNA (TK) in L-Zellen von Mäusen [22].
- Technik in der Mikrokammer auf
  Vicia faba, *Avena sativa, Kalanchoe daigremontiana* [18]
  Seeigel-Eier [35]
  Riesenerythrozyten [18]
  Hybridoma [7]
- Technik im Mikromanipulator auf
  Protoplasten von *Rauwolfia serpentina*, Tabak [25, 36, 37].

Veränderungen an Zellorganellen sind bisher kaum beschrieben worden, wohl aber die Exocytose z. B. von Chloroplasten infolge Pulsbehandlung.

5.2. Modellvorstellungen

Für diese sich schnell ausbreitenden Anwendungen wurden mehrere Modellvorstellungen für den dielektrischen Membrandurchbruch entwickelt. Diese lassen sich einteilen in folgende Kategorien:

a) Modell der elektromechanischen Instabilität [38, 39]
b) Modell des feldinduzierten Phasenüberganges [40]
c) Modell der fluktuierenden Porenbildung und Erweiterung [41, 42] sowie [22] (Dipolinteraktion mit dem äußeren elektrischen Feld) und [43].

Das ältere Modell a) ist nach dem heutigen Stand nicht mehr hinreichend. Modell c) hat die meisten Befürworter, während Modell b) eine weniger bekannte Alternative darstellt. Auf Einzelheiten kann hier nicht eingegangen werden.

Abschließend soll eine heuristische Modellvorstellung erläutert werden, die gleichermaßen auf Fusionierungen (Abb. 14) als auch auf Inkorporationen (Abb. 15) anwendbar ist.

Sie beruht auf dem Prinzip des Elektrodichroismus einer Polyelektrolytlösung, d. h. die Ausrichtung von ellipsoiden oder stabförmigen Polyelektrolyten im elektrischen Feld unter Ausbildung von Makrodipolen mit entsprechend veränderter Gegenionenverteilung. Wenn diese Polyelektrolyte als Proteine in Membranen lokalisiert sind, führt ihre Ausrichtung zu Störungen der benachbarten Lipide [44]. Wenn dabei zwei Membranen in engem Kontakt sind, kann aus der Störung eine Verschmelzung nach Abbildung 14 hervorgehen. Auf jeden Fall erleichtern derartige Störungen die Penetration wie Abbildung 15 an einigen Beispielen zu illustrieren versucht.

Eine weitere Möglichkeit der Penetrationsverbesserung ergibt sich an schon vorhandenen Poren, die durch Proteine gebildet werden. Dipolinduktion führt hier zur Repulsion und damit zur Erweiterung der Poren (Abb. 15) mit erhöhter Durchlässigkeit. Nach Wegfall der Störung setzt teils rapid (reversibel), teils langsam die Rückbildung zum ursprünglichen Zustand ein [45].

Die Abhängigkeit dieser Feldeffekte von den Membranparametern ist nicht so erheblich wie im Falle der Einwirkung von chemischen oder kolloidchemischen Membranstörungen, weshalb in den nächsten Jahren eine außerordentliche Anwendungsbreite zu erwarten ist.

Grundsätzlich besteht die Auffassung, daß alle membranbegrenzten Zellen auch unterschiedlichster Spezies fusionierbar sind, während Penetrationen auch größerer Moleküle selbst durch viele Arten von Zellwänden ermöglicht

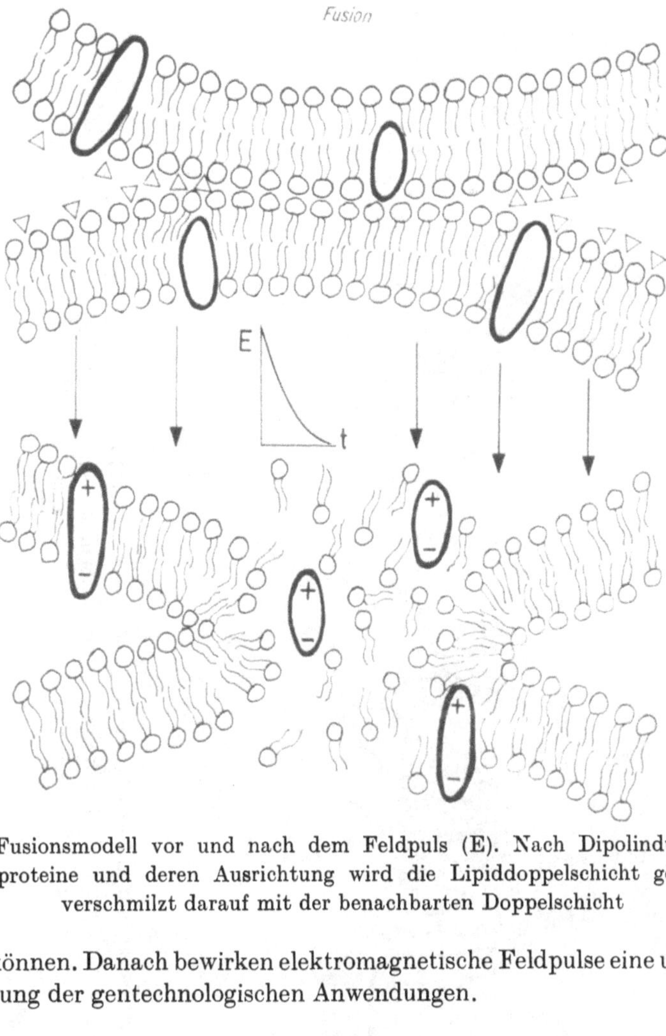

Abb. 14. Fusionsmodell vor und nach dem Feldpuls (E). Nach Dipolinduktion der Membranproteine und deren Ausrichtung wird die Lipiddoppelschicht gestört und verschmilzt darauf mit der benachbarten Doppelschicht

werden können. Danach bewirken elektromagnetische Feldpulse eine ungeahnte Erweiterung der gentechnologischen Anwendungen.

6. Summary

The possibilities in general and own results are discussed according to the three basic electrostimulation techniques for fusion of plant protoplasts or animal cells:

— the macrotechnique with agglutination of cells by polyethylene glycol,
— the microtechnique with dielectrophoretic collection of cells,
— the micromanipulator technique with needle electrodes for contacting cells.

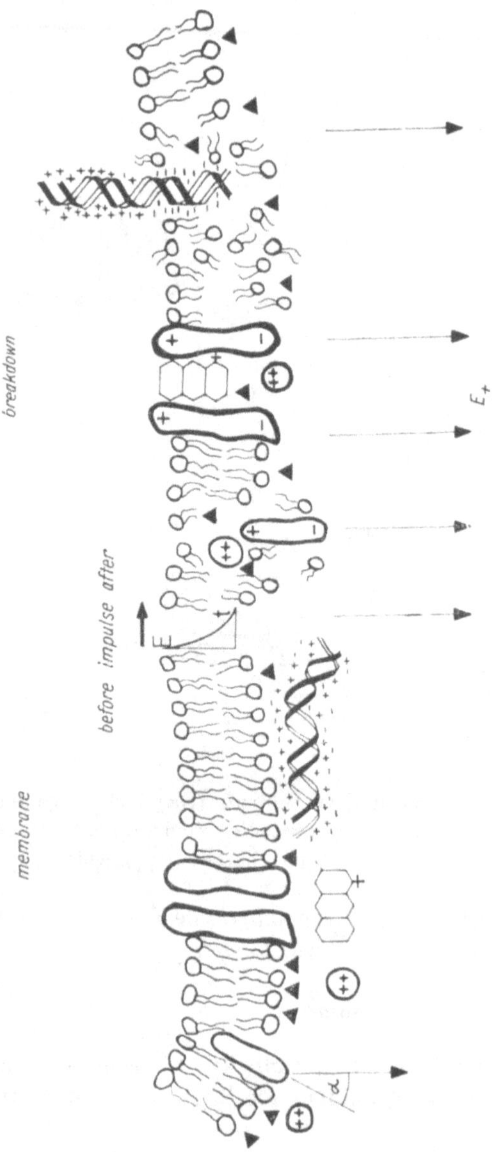

Abb. 15. Penetrationsmodell.
Links: Ausgangszustand mit äußeren Pharmaka, DNA, zweiwertige Ionen. Nach dem Puls sind die Porendurchmesser vergrößert und Membranlöcher entstanden, welche diese Moleküle passieren lassen

The main topics of research on penetration are:

- cell wall disruption and following its repair with aid of an antibiotic indicator,
- incorporation of drugs into erythrocytes,
- electrostimulation of transformation of genetic material e. g. plasmid DNA of *Bacillus thuringiensis* in protoplasts of *Bacillus cereus*.

Besides fusion and incorporation a lot of phenomena (rotation of cells, endo- and exocytosis) has been discovered.

From this and other results it turns out that this new bioelectrochemical method will become a powerful tool for the extension of gen- and biotechnology and for the introduction of extraordinary combinations.

Diese Übersicht beruht hauptsächlich auf Arbeiten der Mitarbeiter und Kooperationspartner:
K. Augsten, E. Bauer, D. Berg, W. Förster, H.-E. Jacob, P. Mühlig, H. Weber, K. Weller, A. Kurischko, W. Jungstand, N. Shivarova, M. Hamann, denen es zu verdanken ist, daß diese neuen Methoden alsbald in der DDR nutzbar wurden.

7. Literatur

[1] BERG, H., Experientia, Separatum 36 (1980),1247

[2] PETHIG, R., Dielectric and Electronic Properties of Biological Materials, John Wiley, N. Y. (1979)

[3] SCHWAN, H. P., An N. Y. Acad. Sci. **303** (1977), 198

[4] POHL, H., Dielectrophoresis, Cambridge Univ. Press (1978)

[5] ZIMMERMANN, U. und SCHEURICH, P., Planta **151** (1981), 26

[6] BERG, H., unpublizierte Resultate

[7] VIENKEN, J. und ZIMMERMANN, U., FEBS Lett. **137** (1982), 11

[8] BERG, H., BAUER, E., BERG, D., FÖRSTER, W., HAMANN, M., JACOB, H.-E., A. KURISCHKO, MÜHLIG, P. und WEBER, H., studia biophysica **94** (1982), 93

[9] ZIMMERMANN, U. und PILWAT, G., Z. Naturforsch. **31c** (1976), 732

[10] VIENKEN, J., JELTSCH, E. und ZIMMERMANN, U., Cytologie **17** (1978), 182

[11] SALE, A., HAMILTON, W., Biochem. Biophys. Acta **148** (1967), 781; 789

[12] PLIQUETT, F., Z. f. Biologie **116** (1968), 10

[13] BERG, H., FÖRSTER, W., JACOB, H.-E., JUNGSTAND, W. und MÜHLIG, P., studia biophysica **74** (1978), 31

[14] NEUMANN, E. und ROSENHECK, K., J. Membr. Biol. **10** (1972), 279

[15] ZIMMERMANN, U., SCHULZ, J. und PILWAT, G., Biophys. J. **13** (1973), 1005

[16] KINOSITA, K. und TSONG, T., Biochim. Biophys. Acta **471** (1977), 227

[17] LINDNER, P., NEUMANN, E. und ROSENHECK, K., J. Membr. Biol. **32** (1977), 231

[18] ZIMMERMANN, U., Biochim. Biophys. Acta **694** (1982), 227

[19] BERG, H., studia biophysica **90** (1982), 169

[20] ZIMMERMANN, U., studia biophysica **90** (1982), 177

[21] JACOB, H.-E., FÖRSTER, W. und BERG, H., Z. Allg. Mikrobiol. **21** (1981), 225

[22] NEUMANN, E., SCHAEFER-RIDDER, M., WANG, Y. und HOFSCHNEIDER, P., The Embo Journal **1** (1982), 841

[23] SHIVAROVA, N., FÖRSTER, W., JACOB, H.-E. und GRIGOROVA, R., Z. Allg. Mikrobiol. **23** (1983), im Druck

[24] JACOB, H.-E., FÖRSTER, W., WEBER, H. und BERG, H., Electric Field Effects on Single Cells, Poster F 7*) und Poster 5. Intern. Symp. on Yeasts, London (Canada) July 20—25 (1980) Presentation: Gordon Research Conference of Bioelectrochem. Tilton, N. H. USA 4.8.—8. 8. 1980

*) 5. Intern. Symp. Bioelectrochem. Bioenerg., Sept. 3—9 (1979) in Weimar

[25] SENDA, M., General Discussion of the 5. Intern. Symp. Bioelectrochem. Bioenerg., Sept. 3—9 (1979) Weimar
[26] NEUMANN, E., GERISCH, E. G. und OPATZ, Naturwiss. **67** (1980) 414
[27] BERG, H. und JACOBS, H.-E. (Herausgeger) Photodynamic and Electrical Effects on Biopolymers and Membranes studia biophysica **94** (1983)
[28] WEBER, H., FÖRSTER, W., BERG, H. und JACOB, H.-E., Current Genetics **4** (1981) 165
[29] GRIGORIEVA, T. und AZIZBEKYAN, R., Genetika **16** (1980) 1786
[30] SHIVAROVA, N., FÖRSTER, W., JACOB, H.-E., BERG, H. und GRIGOROVA, R., Bioelectrochem. Bioenerg. **11** (1983) 181
[31] BERG, D., SCHUMANN, I. und STELZNER, A., studia biophysica **94** (1983) 101
[32] BERG, H., Bioelectrochem. Bioenerg. **9** (1982) 223
[33] BERG, H., KURISCHKO, A. und FREUND, R. studia biophysica **94** (983) 103
[34] TEISSI, J., KNUTSON, V., TSONG, T. und LANE, M., Science **216** (1982) 537
[35] RICHTER, H.-P., SCHEURICH, P. und ZIMMERMANN, U., Develop. Growth and Differ **23** (1981) 479
[36] SENDA, M., TAKEDA, J., ABE, SH. und NAKAMURA, T., Plant and Cell Physiol. **20** (1979) 144
[37] SENDA, M., MORIKAWA, H. und TAKEDA, J., Proc. 5th Internat. Congr. Plant Tissue Cult. (1982) 615
[38] CROWLEY, J., Biophys. J. **13** (1973) 711
[39] COSTER, H. und ZIMMERMANN, U., J. Membr. Biol. **22** (1975) 73
[40] SUGAR, I., BBA **556** (1979) 72
[41] CHISMADZHEV, Y., et al., Bioelectrochem. Bioenerg. I-VII, **6** (1979) 1
[42] WEAVER, J., MINTZER, R., Phys. Letters **86A** (1981) 57
[43] TEISSI, J. und TSONG, T., Biochemistry (USA) **20** (1981) 1548
[44] BERG, H., et al., studia biophysica **94** (1983) 93
[45] BERG, H., AUGSTEN, K., BAUER, E., FÖRSTER, W., JACOB, H.-E., MÜHLIG, P., WEBER, H., KURISCHKO, A., Bioelectrochem. Bioenerg. **12** (1984) 119

Heft 6 Prof. Dr. rer. nat. FRIEDRICH WOLF / Dr. rer. nat. URSULA KOCH. Über den Einfluß der chemischen Struktur von Dispersionsfarbstoffen auf deren Dispersionsstabilität
1979. 18 Seiten – 3 Abbildungen – 10 Tabellen – 8° – M 3,50

Heft 7 Prof. Dr. rer. nat. FRIEDRICH WOLF / Dr. rer. nat. WOLFGANG HEYER, Zur Sorption an Tetracalciumaluminathydroxysalzen 1980. 12 Seiten – 5 Abbildungen – 4 Tabellen – 8° – M 2,–

Band 114

Heft 1 Prof. Dr. HASSO ESSBACH, Morphologisches zur orthologischen und pathologischen Differenzierung und zum Anpassungs- und Abwehrvermögen der menschlichen Placenta
1980. 19 Seiten – 12 Abbildungen – 8° – M 4,–

Heft 2 Prof. Dr. med. WERNER RIES, Risikofaktoren des Alterns aus klinischer Sicht
1980. 19 Seiten – 9 Abbildungen, davon 1 Abbildung auf Tafel – 8° – M 4,–

Heft 3 Prof. Dr. OTT-HEINRICH KELLER, Anschaulichkeit und Eleganz beim Alexanderschen Dualitätssatz
1980. 19 Seiten – 8° – M 4,–

Heft 4 Prof. Dr. rer. nat. BENNO PARTHIER, Die cytologische Symbiose am Beispiel der Biogenese von Zellorganellen 1981. 29 Seiten – 16 Abbildungen – 2 Tabellen – 8° – M 6,–

Heft 5 Prof. Dr. F. WOLF / Dr. S. ECKERT / Dr. M. WEISE / Dr. S. LINDAU, Untersuchungen zur Synthese und Anwendung bipolarer Ionenaustauschharze 1980. 12 Seiten – 6 Tabellen – 8° – M 2,–

Heft 6 Prof. Dr. med. HERBERT JORDAN, Balneobioklimatologie – Eine Zielstellung im Mensch-Umwelt-Konzept 1981. 25 Seiten – 8 Abbildungen – 1 Tabelle – 8° – M 4,–

Band 115

Heft 1 Prof. Dr. rer. nat. HERMANN BERG, Wilhelm Ostwald – Erkenntnisse über die Biosphäre
1981. 36 Seiten – 7 Abbildungen – 3 Tabellen – 8° – M 6,–

Heft 2 Prof. Dr. sc. KLAUS DÖRTER, Aphorismen zur Qualität des Bewässerungswassers
1981. 31 Seiten – 11 Abbildungen – 11 Tabellen – 8° – M 6,–

Heft 3 Prof. Dr.-Ing. Dr. rer. nat. h. c. PAUL GÖRLICH, Die geschichtliche Entwicklung des wissenschaftlichen Gerätebaus und seine zukünftige Bedeutung 1981. 36 Seiten – 8° – M 6,–

Heft 4 Prof. Dr. WOLFGANG BUCHHEIM, Albert Einstein als Wegbereiter nachklassischer Physik
1981. 29 Seiten – 8° – M 4,–

Heft 5 Prof. Dr.-Ing. HERBERT KRUG, Die Technologie der Brikettierung von Weichbraunkohle im Lichte der Verfahrenstechnik und der besseren Nutzung dieses Energieträgers
1982. 20 Seiten – 13 Abbildungen – 8° – M 3,–

Heft 6 Prof. Dr. ERNST NEEF, Der Verlust der Anschaulichkeit in der Geographie und das Problem der Kulturlandschaft 1981. 34 Seiten – 8° – M 5,–

Band 116

Heft 1 Prof. Dr. WERNER RIES, Studien zum biologischen Alter
1982. 27 Seiten – 10 Abbildungen – 8° – M 4,–

Heft 2 Prof. Dr. RUDOLF SACHSENWEGER, Augenunabhängige optosensorische Wahrnehmungsformen
1983. 19 Seiten – 8° – M 4,–

Heft 3 Prof. Dr. HANS-GEORG SCHÖPF, Die Griechen und die Natur 1983. 62 Seiten – 8° – M 8,–

Heft 4 Prof. Dr.-Ing. JÁN BENETIN, Mathematisches Modell für das Wachstum von landwirtschaftlichen Kulturen und seine Verwertung in der quantitativen Beurteilung des Bewässerungseffektes auf die Steigerung der Ernteerträge 1983. 36 Seiten – 18 Abbildungen – 3 Tabellen – 8° – M 6,–

Heft 5 Prof. Dr. HANS DRISCHEL †, Neues über die Pupille
1983. 30 Seiten – 26 Abbildungen – 8° – M 4,–

Heft 6 Prof. Dr. BENNO PARTHIER, Der Beitrag der Molekularbiologie zur Evolutionserkenntnis
1983. 41 Seiten – 19 Abbildungen – 2 Tabellen – 8° – M 6,–

Heft 7 Prof. Dr. ADOLF WATZNAUER, Die Rolle des Radons (Isotop ^{222}Rn) als Umweltfaktor – eine Übersicht
1983. 34 Seiten – 3 Abbildungen – 4 Tabellen – M 5,–

Band 117

Heft 1 Prof. Dr. sc. KLAUS DÖRTER, Einige Aspekte zum landeskulturellen Nutzen des Meliorationswesens 1984. 31 Seiten – 10 Abbildungen – 11 Tabellen – 8° – M 8,–

Heft 2 Prof. Dr. HERBERT BECKERT, Nichtlineare Elastizitätstheorie 1984. 58 Seiten – 8° – M 8,–

Heft 3 Prof. Dr. HERBERT JORDAN, Zur funktionellen Normalität des Menschen 1984. 29 Seiten – 15 Abbildungen – 1 Tabelle – 8° – M 4,–

Heft 4 Dr. ARND BERNHARDT / KLAUS-DIETER JÄGER / KARL MANNSFELD / INGE HARTSCH, Beiträge zum Problemkreis des Landschaftswandels *In Vorbereitung*

Heft 5 Prof. Dr. OTT-HEINRICH KELLER, Das Zählen als angeborene Verhaltensweise 1984. 36 Seiten – 11 Abbildungen – 8° – M 6,–

Heft 6 Prof. Dr. WOLFGANG BUCHHEIM, Komplementarität nach Niels Bohr – physikgeschichtliche Episode oder universale Kategorie von Ergänzung? 1984. 30 Seiten – 3 Tabellen – 8° – M 4,–

Heft 7 Prof. Dr. BENNO PARTHIER, Gene, Gentechnik, Genmanipulation 1984. 28 Seiten – 7 Abbildungen – 8° – M 4,–

Band 118

Heft 1 Prof. Dr. HANS JÜRGEN RÖSLER, Geowissenschaften und Geochemie *In Vorbereitung*

Heft 2 Prof. Dr. HERBERT BECKERT, Axiomatik – Mathematik und Erfahrung *In Vorbereitung*

Heft 3 Prof. Dr. HERMANN BERG, Zellfusion, Transformation und Pharmakainkorporation durch Elektrostimulation *Vorliegendes Heft*

Heft 4 Prof. Dr. N. JOACHIM LEHMANN, Die analytische Maschine. Grundlagen einer Computer-Analytik 1985. 64 Seiten – 8° – M 8,–

Heft 5 Prof. Dr. DIETRICH UHLMANN, Die anthropogene Eutrophierung der Gewässer – Ein umkehrbarer Prozeß? *In Vorbereitung*

Heft 6 Prof. Dr. FRIEDRICH WOLF, Dr. MAGDALENE WEISE, Der Sirotherm-Prozeß – Ein Verfahren zur rationellen Wasserentsalzung *In Vorbereitung*

Einzel- oder Fortsetzungsbestellungen durch eine Buchhandlung erbeten

Sitzungsberichte bis Band 108
durch das Zentralantiquariat der Deutschen Demokratischen Republik, Leipzig,
ab Band 109 durch die Universitätsbuchhandlung, 7010 Leipzig, zum Teil noch lieferbar

THEORIA CUM PRAXI

AKADEMIE-VERLAG

DDR-1086 Berlin, Leipziger Straße 3–4

FSC
www.fsc.org
MIX
Papier | Fördert gute Waldnutzung
FSC® C083411

Zeitfracht Medien GmbH
Ferdinand-Jühlke-Straße 7
99095 Erfurt, Deutschland
produktsicherheit@kolibri360.de